AF457174

ASTRONOMIE

POPULAIRE

OU ESQUISSE GÉNÉRALE DU SYSTÈME DU MONDE

SERVANT DE COMMENTAIRE A

L'ATLAS DE L'ASTRONOMIE EN TABLEAUX TRANSPARENTS

DE DOUZE PLANCHES.

DEUXIÈME ÉDITION.

BRUXELLES
KIESSLING ET COMPAGNIE, ÉDITEURS,
MONTAGNE DE LA COUR, 26.

1858

ASTRONOMIE POPULAIRE

OU

ESQUISSE GÉNÉRALE DU SYSTÈME DU MONDE.

Bruxelles. — Imprimerie de A. LABROUE ET Cᵉ.
36, *rue de la Fourche*.

ASTRONOMIE

POPULAIRE

OU

ESQUISSE GÉNÉRALE DU SYSTÈME DU MONDE

Servant de commentaire à l'Atlas de l'Astronomie en tableaux transparents
de douze planches.

DEUXIÈME ÉDITION.

BRUXELLES
KIESSLING ET COMPAGNIE, ÉDITEURS,
MONTAGNE DE LA COUR, 26.

1858

ASTRONOMIE POPULAIRE

OU

ESQUISSE GÉNÉRALE DU SYSTÈME DU MONDE.

I

L'UNIVERS.

1. — Espaces célestes. — Astres.

(Planches I et II.)

Lorsque, par une de ces belles nuits où les étoiles brillent de tout leur éclat, nos regards parcourent les profondeurs du ciel, notre esprit est frappé de l'idée de l'immensité. Mais l'espace infini dont nos faibles sens ne peuvent sonder qu'une petite partie n'est point vide ; il est peuplé et animé d'innombrables corps célestes qui nous apparaissent comme des disques lumineux, des points scintillants, des flocons stellaires et de pâles nébulosités. L'immense coupole du firmament, qui forme une espèce de voûte surbaissée au-dessus de notre tête et qui a pour base l'horizon, est parsemée d'astres brillants qui y semblent fixés ou qui changent continuellement de place ; elle semble tourner autour de nous, d'une seule pièce, comme une sphère creuse, dont nous occupons le centre, par un mouvement d'orient en occident. Ces astres répandus à profusion dans le ciel sont autant de mondes analogues au nôtre et doués d'un mouvement régulier; ils gravitent dans l'espace, soutenus et guidés par cette force mystérieuse qu'on appelle la *gravitation universelle*, et soumis aux grandes lois qui règlent l'ordonnance de l'univers.

---

2. — Classification des étoiles. — Constellations.

(Planche II.)

Nous donnons le nom d'*étoiles fixes* à tous les astres qui brillent de leur propre lumière et qui paraissent se mouvoir avec le firmament sans changer de place. Les astronomes les rangent par ordre d'éclat. Les plus brillantes, celles qu'on distingue aisément à l'œil nu, sont réparties entre les six premiers ordres; on classe dans les ordres suivants celles qu'on ne peut apercevoir qu'à l'aide des lunettes astronomiques ou télescopes. Nous ne voyons à l'œil nu qu'environ 8,000 étoiles, comprises entre la 1re et la 6e grandeur et dont la moitié seulement est visible dans nos contrées.

On compte à peu près 20 étoiles de 1re grandeur, 65 de 2e, 190 de 3e, 425 de 4e, 1,100 de 5e, 3,200 de 6e, 13,000 de 7e, 40,000 de 8e, 142,000 de 9e grandeur; le nombre des étoiles de chaque classe augmente à proportion que leur grandeur ou leur éclat diminue. Il ne faut pas oublier que cette grandeur n'est qu'apparente et dépend de la distance où se trouvent ces étoiles; l'éclat d'une étoile ne nous apprend rien sur sa grandeur réelle. Du reste, il n'y a point d'autres limites pour le nombre des étoiles que la puissance de nos instruments optiques; avec des instruments perfectionnés, on découvre des milliers d'étoiles là où des lunettes plus faibles ne laissent voir que de pâles brouillards. M. Herschel ne vit pas moins de 258,000 étoiles traverser le champ de son télescope en 41 minutes de temps. Il portait à 18 millions le nombre des étoiles contenues dans la voix lactée.

Le nombre des étoiles est réellement illimité; encore ne voyons-nous que la partie du ciel la plus rapprochée de nous. Que serait-ce donc si nous pouvions augmenter à l'infini la puissance de nos instruments?

Voici les noms des étoiles de 1re grandeur, en commençant par les plus brillantes, qu'il est facile de retrouver sur la voûte céleste.

Sirius ou α du grand Chien.
Canopus ou α du navire Argo, invisible en Europe.
α du Centaure, invisible en Europe.
Arcturus ou α du Bouvier.
Rigel ou β d'Orion.
La Chèvre ou α du Cocher.
Véga ou α de la Lyre.
Procyon ou α du petit Chien.
Bétéigeuse ou α d'Orion.
Acharnar ou α de l'Éridan, invisible en Europe.
Aldebaran ou α du Taureau.
β du Centaure, invisible en Europe.
α de la Croix du Sud, invisible en Europe.
Antarès ou α du Scorpion.
Ataïr ou α de l'Aigle.
L'Épi ou α de la Vierge.
Fomalhaut ou α du Poisson austral.
β de la Croix du Sud, invisible en Europe.
Pollux ou β des Gémeaux.
Régulus ou α du Lion.

On a dressé des catalogues des étoiles et des cartes du ciel où sont représentées toutes les étoiles comprises dans les 9 premiers ordres. Pour reconnaître et désigner les étoiles, les anciens avaient imaginé le système des constellations. Au milieu de cette multitude d'astres petits et grands dont la voûte céleste est semée comme par hasard, le regard s'arrête spontanément sur des groupes d'étoiles plus ou moins remarquables par leur rapprochement ou leur éclat. En dessinant par la pensée autour de chacun de ces groupes une figure quelconque, une ourse, une balance, une lyre, etc., on divise le vaste champ du firmament en un certain nombre de configurations, renfermant chacune des étoiles de toutes grandeurs, que l'on distingue ensuite par des noms propres, des caractères grecs ou des numéros d'ordre. Ces constellations offrent encore aujourd'hui le moyen le plus simple de nous familiariser avec l'aspect du ciel, et de nous apprendre à distinguer les étoiles et à en déterminer la position apparente.

Les constellations suivantes sont visibles, après le coucher du soleil, en octobre et novembre, et avant l'aurore en juillet et août :

A l'horizon oriental : le *Taureau* avec le groupe remarquable des *Sept Étoiles* ou des *Pléiades;* au nord du Taureau, le *Cocher* avec la brillante étoile *la Chèvre,* renfermée dans un triangle par 3 petites étoiles; *Cassiopée,* vers le zénith, formée de 5 étoiles disposées en W; à l'ouest de Cassiopée, le *Cygne,* au milieu de la voie lactée avec une étoile très-brillante, *Deneb; Céphée,* entre les deux dernières constellations, près de l'étoile polaire; la *Lyre,* remarquable par une des plus belles étoiles du ciel, *Véga;* la *Couronne,* qui frappe les regards par ses étoiles disposées en cercle; *Hercule,* compris entre les deux constellations précédentes; le *Bouvier,* au N.-O. de l'horizon, qui présente la magnifique étoile *Arcturus,* qu'on peut apercevoir, vers la fin d'octobre, même pendant le crépuscule du soir; la *grande Ourse,* dont 3 étoiles, rangées en demi-cercle, forment la queue; la *petite Ourse,* qui possède l'*étoile polaire,* de 2e grandeur et visible toute la nuit à la même place, qui marque approximativement le point du ciel, le pôle céleste, correspondant au pôle terrestre; *Persée,* composé de 5 étoiles d'un vif éclat; *Andromède; Pégase,* dont les 4 étoiles principales forment un trapèze à l'horizon du sud; le *Triangle;* le *Bélier;* la *Balance;* les *Poissons,* qui n'a que des étoiles petites et isolées; le *Verseau;* le *Poisson austral,* tout près de l'horizon, au sud, avec *Fomalhaut,* étoile de 1er ordre; l'*Aigle,* près de la voie lactée avec l'étoile de 1re classe *Atair; Antinoüs,* au bord de la voie lactée, sans étoiles remarquables; la *Flèche,* entre l'Aigle et le Cygne; le Dauphin, à l'ouest de l'Aigle; le *Capricorne,* au point de l'horizon marqué par le solstice d'hiver; le *petit Cheval,* entre Pégase et le Dauphin; le *Sagittaire,* au point où la voie lactée touche à l'horizon.

Les constellations suivantes ne sont visibles que pendant une partie de l'automne et de l'hiver, après le coucher du soleil :

Les *Gémeaux;* cette constellation, est formée de deux étoiles assez brillantes désignées par les noms de *Castor* et *Pollux; Orion,* formée par 5 étoiles de 2e grandeur, *Bételgeuse, Rigel* et *Bellatrix; Eridanus,* sous la Baleine, n'offre que de petites étoiles; le *Cancer;* le *grand Chien,* qui possède la plus belle étoile du firmament, le magnifique *Sirius,* et d'autres étoiles de 2e grandeur; le *petit Chien,* avec l'étoile de 1er ordre *Procyon;* la *Chevelure de Bérénice;* le *Lion* comprend plusieurs belles étoiles, entre autres *Régulus,* étoile de 1re grandeur; l'*Hydre,* avec une étoile de 1re grandeur; la *Vierge,* grande constellation qui offre également une étoile de 1er ordre, l'*Épi;* le *Corbeau;* la *Coupe;* le *Navire Argo,* à l'ouest du Sirius, n'est visible qu'en partie dans l'hémisphère boréal; le *Lièvre.*

Les constellations suivantes sont visibles en été :

La *Balance* comprend deux étoiles de 2e ordre; le *Scorpion* renferme la belle étoile *Antarès,* de 1er ordre et d'un éclat rougeâtre; le *Centaure,* situé presque entièrement dans l'hémisphère austral de la sphère céleste; l'*Autel;* la *Couronne du Sud.*

Douze de ces constellations occupent sur la sphère une zone étroite et circulaire qui porte le nom de *Zodiaque*. Les anciens avaient remarqué que les planètes ne s'écartaient jamais de cette zone, dont le soleil parcourt le milieu. Ce fait tient, comme nous le verrons plus tard, à la forme générale de notre système solaire. Voici les noms de ces constellations : le Bélier, le Taureau, les Gémeaux, le Cancer, le Lion, la Vierge, la Balance, le Scorpion, le Sagittaire, le Capricorne, le Verseau et les Poissons.

---

3. — La voie lactée.

(Planche II.)

La voie lactée est une zone d'une largeur variable qui divise le ciel en deux parties à peu près égales. A l'œil nu, cette zone est d'une blancheur mate et ressemble à une bande lumineuse ; mais, examinée à travers le télescope, elle se montre entièrement composée d'un nombre incalculable de petites étoiles agglomérées. La voie lactée forme une espèce de ceinture d'amas stellaires, isolée de toutes parts et entourant comme un anneau notre monde planétaire. L'effet pittoresque de la voie lactée est encore augmenté par les diverses ramifications qu'elle présente sur la moitié de son trajet. La bifurcation principale a lieu près du Centaure et les deux branches se réunissent de nouveau dans la constellation du Cygne. La voie lactée paraît être une couche lenticulaire d'étoiles agglomérées dont notre monde planétaire occupe à peu près le centre. Au delà de cette voie lactée, on en remarque une autre qui coupe celle-ci perpendiculairement et qui est entièrement composée de nébulosités.

---

4. — Répartition des étoiles dans l'espace. — Amas stellaires et nébuleuses.

(Planche II.)

Partout où la voûte céleste a été étudiée à l'aide de télescopes assez puissants pour pénétrer profondément dans l'espace, on a vu des étoiles. Les trois ou quatre premières classes paraissent assez uniformément distribuées dans le firmament. Mais, dans les régions voisines de la voie lactée, les étoiles brillantes sont plus nombreuses et les petites étoiles paraissent plus agglomérées et forment des *amas stellaires,* isolés dans le ciel ou condensés et accumulés en masse. Les amas stellaires isolés forment de véritables îles dans l'océan des mondes. Telles sont les constellations des Pléiades, de la Crèche, de la Chevelure de Bérénice, d'Hercule, etc. A l'œil nu les Pléiades forment une tache blanchâtre; sondée par de puissantes lunettes, cette tache se décompose en une infinité d'étoiles plus condensées vers le milieu, et paraissant former un monde à part. Les régions du ciel austral sont les plus riches en amas stellaires et en étoiles brillantes; les voyageurs qui aperçoivent pour la première fois le firmament de l'hémisphère austral sont frappés d'admiration à la vue de cette zone resplendissante, d'un éclat et d'une richesse étoilée étonnante, qui couvre une partie de la voûte céleste. D'autres contrées du ciel, surtout celles qui s'éloignent le plus de la voie lactée sont, au contraire, extrêmement pauvres en étoiles. On rencontre de ces régions vides près du Scorpion et du Sagittaire qui sont autant d'ouvertures dans le ciel par lesquelles notre œil pénètre jusque dans les profondeurs les plus reculées de l'univers. Ces vides, qu'on appelle des *sacs à charbon,* ressemblent à des taches noires. Il y a peut-être d'autres étoiles dans ces intervalles du tapis céleste, mais nos instruments ne peuvent les atteindre.

Nébuleuses. On distingue en divers points du ciel des taches lumineuses d'une lueur pâle et douce, semblables à des brouillards ou des flocons nébuleux. On en a déterminé plus de 5,600. Vues à travers le télescope, les unes apparaissent comme des amas d'étoiles : ce sont les nébuleuses *résolubles ;* dans d'autres, aucun télescope n'a pu découvrir rien qui ressemble à une étoile; elles sont restées des nébulosités *irrésolubles*. Les nébuleuses affectent les formes les plus étranges et les plus variées; il y en a de sphériques, d'allongées, d'annulaires, de perforées, les unes simples, les autres accouplées. Les nébuleuses non résolubles ont généralement de grandes dimensions; quelques-unes ont un diamètre égal à celui du disque de la lune. Les nébuleuses ne diffèrent pas moins par leur éclat et leur couleur ; il y a de ces amas stellaires composés entièrement d'étoiles bleues, d'autres dans lesquels les étoiles bleues sont mêlées à des étoiles rouges ou jaunes. Parmi les nébuleuses les plus remarquables, on cite celles qui se trouvent dans les constellations d'Argo, du Sagittaire, d'Andromède et du Cygne ; et surtout les nuées de Magellan, qui tournent autour du pôle austral. Les astronomes pensent que toutes les nébuleuses sont des mondes d'étoiles placés à des distances prodigieuses de notre monde solaire.

Outre les nébuleuses composées de petites étoiles agglomérées, il existe également des étoiles nébuleuses offrant le beau phénomène d'un noyau brillant et nettement dessiné, et entouré d'une espèce de voile faiblement lumineux. Notre soleil semble lui-même devoir être rangé dans la classe des étoiles nébuleuses, entouré qu'il est, à une certaine distance, d'un anneau lumineux — la lumière zodiacale — que nous examinerons plus tard.

---

5. — Phénomènes particuliers des étoiles, scintillation, couleur, variations. — Étoiles multiples.

(Planche II.)

La *scintillation* des étoiles est un phénomène qui doit être attribué à nos organes de vision et à la réfrangibilité des couches d'air dont se compose notre atmosphère. Dans les nuits pures et froides de nos climats, le scintillement des étoiles contribue à la magnificence du ciel constellé. Dans les contrées tropicales, les étoiles n'offrent pas ces alternatives rapides d'extinction et de brillante réapparition que nous nommons la scintillation; elles brillent d'un éclat intense, calme et constant. Une étoile ne scintille pas avec la même intensité que l'autre. Les planètes ne scintillent pas.

C'est également dans la construction de nos yeux qu'il faut chercher la cause de l'apparence des queues qui paraissent émaner de quelques étoiles brillantes et qui disparaissent lorsqu'on les regarde à travers un carton percé d'un petit trou.

Étoiles colorées. Les étoiles sont diversement colorées et offrent toutes les nuances de l'arc-en-ciel; tantôt elles sont rouges comme α d'Orion, Arcturus, Aldebaran; jaunes comme la Chèvre et α de l'Aigle; on en trouve plusieurs d'une couleur verte, bleue et violette. Cependant, le plus souvent, elles sont blanches.

Étoiles variables. Sirius est la seule étoile dont la couleur ait varié à notre connaissance : elle est aujourd'hui d'une blancheur parfaite; autrefois, elle était rougeâtre. L'éclat des étoiles n'est pas toujours constant; on en connaît environ 20 qui sont changeantes sous le rapport de leur éclat. Les plus curieuses de ces étoiles changeantes sont α de la Baleine et Algol dans la constellation de Persée.

La première est quelquefois de 2e et 3e grandeur, puis elle diminue rapidement et finit par disparaître; quelques jours après, l'étoile reparaît et son éclat augmente. Ces variations sont périodiques et embrassent un intervalle de 332 jours. Algol ne disparaît jamais entièrement; son éclat ne fait qu'osciller de la 2e grandeur à la 4e, pendant sept à huit heures. La cause de ce phénomène est encore inconnue.

Étoiles nouvelles ou disparues. L'apparition d'une étoile nouvelle n'est pas un fait absolument rare; on a conservé le souvenir de plusieurs faits de ce genre. En 1572, on aperçut tout à coup une étoile nouvelle du plus brillant éclat dans la constellation de Cassiopée, puis elle diminua peu à peu et disparut tout à fait en 1574. L'astronome anglais Hind a découvert, en 1848, une étoile nouvelle d'une lumière orangée de 5e grandeur, dans le Serpentaire; mais deux ans plus tard elle n'avait déjà plus que l'éclat d'une étoile de 11e ordre, et probablement elle est aujourd'hui près de disparaître. Plusieurs étoiles consignées dans les anciens catalogues astronomiques ne se retrouvent plus de nos jours sur ce firmament. Quelle est la cause de ce phénomène? Sont-ce des mondes qui naissent ou qui s'éteignent? On est porté à le croire.

Étoiles doubles et multiples. Quelques étoiles qui paraissent simples à l'œil nu, se dédoublent lorsqu'on les examine à travers un puissant télescope; elles paraissent alors composées de deux étoiles très-rapprochées, d'un éclat plus ou moins inégal et quelquefois de couleurs différentes. On en a découvert plus de 2,600, dont la majeure partie se trouve dans les régions d'Andromède, du Bouvier, d'Orion et de la grande Ourse. Parfois, on voit les étoiles d'un couple se rapprocher et l'une couvrir l'autre, puis s'éloigner de nouveau périodiquement. Cela provient de ce que l'une circule autour de l'autre comme deux soleils circulant autour d'un centre commun. Parmi les étoiles multiples, on trouve des étoiles triples comme la 12e du Lynx; quadruples telles que ε de la Lyre, enfin une étoile sextuple, δ d'Orion, qui forme la grande nébuleuse de cette constellation.

On a vu des étoiles se diviser subitement en deux et suivre séparément des directions divergentes.

---

6. — Mouvement et distance des étoiles.

(Planches I et II.)

Les étoiles ne sont pas fixes dans le sens absolu de ce mot : elles changent de position dans l'espace; mais, à cause de leur énorme distance, ce déplacement passe presque inaperçu. De toutes les étoiles brillantes qu'ont observées les anciens, pas une n'occupe aujourd'hui la même place au firmament. L'un de ces déplacements les moins lents est celui de la 61e du Cygne, qui s'avance de 5,12 secondes par an. Un jour viendra ou la plus magnifique constellation du ciel, la Croix du Sud, sera visible pour notre hémisphère, tandis que d'autres étoiles que nous voyons aujourd'hui ne paraîtront plus sur l'horizon. Les étoiles β de Céphée, β du Cygne serviront successivement d'étoile polaire, et, dans 12,000 ans, ce rôle sera échu à une des plus belles étoiles de l'hémisphère boréal, Véga de la Lyre.

Les étoiles sont des soleils dont les dimensions sont peut-être infiniment plus grandes que celles de l'astre qui nous éclaire; elles brillent de leur lumière propre comme notre soleil; car, à la distance prodigieuse où elles sont placées, leur lumière, si elle n'était qu'empruntée ou réfléchie, ne parviendrait pas jusqu'à nous. On a tenté de mesurer la distance qui nous sépare de quelques-unes en procédant de la même manière, par exemple, que pour la Lune ou le

Soleil, par la méthode de la triangulation ou du parallaxe. Ainsi, du soleil à la 61e du Cygne, on a trouvé que la distance devrait être de 657,000 rayons de l'orbite que décrit la Terre autour du Soleil ou 657,000 fois 38 millions de lieues ! La lumière, qui parcourt 77,000 lieues par seconde, et qui arrive du Soleil à la Terre en 8 minutes 17 secondes emploie 10 ans à parcourir cet espace. De l'étoile la plus voisine, les rayons mettent 3 ans $^{1}/_{4}$ à venir chez nous, et, si cette étoile s'éteignait tout à coup, nous la verrions briller encore au ciel pendant 3 ans $^{1}/_{4}$. Notre soleil lui-même, placé à la distance où se trouve l'étoile la plus rapprochée, α du Centaure, serait 200,000 fois plus éloigné de nous qu'il ne l'est en effet, et nous paraîtrait environ deux fois moins brillant que cette étoile. A cette distance, le Soleil n'aurait à nos yeux que l'éclat d'une étoile de grandeur moyenne. Quant à la Lune et aux planètes, leur lumière, plus faible parce qu'elle est réfléchie, serait tout à fait invisible pour nous à des distances pareilles. Mais ces distances, quelque incompréhensibles qu'elles soient pour notre conception, disparaissent lorsqu'on les compare à celle des étoiles télescopiques qui composent la voie lactée et dont la lumière ne peut nous parvenir qu'après 2,000 ans. Herschel estimait que les rayons émis par les dernières nébuleuses encore visibles dans son télescope devaient employer près de deux millions d'années pour venir jusqu'à nous.

Ainsi donc ces myriades de mondes dont le nombre, la grandeur et la distance confondent notre faible intelligence se meuvent avec la régularité d'une horloge dans l'espace infini ; l'immobilité n'existe nulle part. Partout nous voyons les corps célestes se grouper en systèmes dans lesquels un corps central est entouré de masses subordonnées qui gravitent autour de lui, et ces systèmes eux-mêmes semblent entraînés dans un mouvement circulaire autour d'un centre plus considérable. Notre soleil, accompagné de son cortége de corps planétaires, gravite lui-même, avec d'autres soleils encore qui sont des étoiles pour nous, autour d'un soleil central. Un astronome allemand croit que le centre de gravité général du monde stellaire dont notre système solaire fait partie est *Alcyone,* la plus belle des Pléiades.

II

LE SYSTÈME SOLAIRE.

1. — Idée générale du système solaire.

(Planche III.)

Nous venons de voir que tous les astres lumineux par eux-mêmes, et auxquels on donne à tort le nom de *fixes*, puisque leur position change continuellement, sont autant de soleils pareils au nôtre, et forment, comme ce dernier, avec un cortége de corps subordonnés et que leur petitesse relative et la faiblesse de leur lumière empruntée ne nous permettent pas d'apercevoir, autant de systèmes solaires. Nous avons dit que notre soleil n'est probablement lui-même qu'une planète principale dans un système plus vaste, lequel, à son tour, se meut autour d'un nouveau centre.

Mais le système solaire dont nous faisons partie est le seul que nos observations nous permettent de reconnaître comme le centre d'un monde planétaire, composé de planètes, de satellites, de comètes et d'astéroïdes. C'est à ce dernier que nous allons désormais ramener nos regards.

Au centre de ce monde qui est plus particulièrement le nôtre, nous voyons d'abord le Soleil, globe lumineux, entouré d'un nombre encore indéterminé de globes plus petits, qui tournent autour de lui à des distances inégales, et accomplissent leur révolution avec des vitesses différentes.

Les plus grosses de ces planètes forment, à leur tour, des centres de systèmes secondaires, composés de satellites qui circulent autour de la planète centrale, et la suivent dans la marche qu'elle décrit autour du Soleil. En outre, tous ces globes : soleils, planètes et satellites, tournent autour d'eux-mêmes, par un mouvement de rotation, avec des vitesses différentes.

Toutes ces rotations, toutes ces révolutions s'accomplissent dans le même sens, d'occident en orient. Tous ces corps ont une forme sphérique; leurs mouvements sont presque circulaires et la ligne courbe qu'ils suivent est couchée sur un même plan. Enfin, toutes les rotations sont uniformes et s'achèvent invariablement dans un temps déterminé.

La cause de ces mouvements nous est inconnue; c'est la main du Créateur qui a donné l'impulsion à cette immense horloge. Mais le mouvement est dirigé et maintenu par l'action d'une force mystérieuse, l'attraction ou la pesanteur, qui fait que le Soleil attire les planètes et celles-ci leurs satellites. Tous les corps exercent cette force les uns sur les autres avec une énergie proportionnée à leur masse, et en raison inverse du carré de leurs distances mutuelles. Si la force d'attraction dont est douée toute particule de matière venait à cesser tout à coup, le système planétaire serait anéanti, et tous ces globes, animés d'une vitesse énorme, se disperseraient dans l'espace en s'échappant dans leur première direction comme une pierre lancée par la fronde. Mais l'équilibre admirable qui règne dans le système planétaire ne saurait varier et en démontre la stabilité. Le monde solaire est organisé pour durer indéfiniment.

Ce fut Newton qui révéla, le premier, la force qui est l'âme des mouvements planétaires, et Keppler en déduisit les trois grandes lois qui forment la base de tous les calculs astronomiques. Voici ces lois de Keppler :

1° Les courbes décrites par les planètes sont des ellipses dont le Soleil occupe un foyer ;

2° Chaque corps planétaire se meut autour du Soleil dans une orbite plane où le rayon vecteur — la ligne idéale qui joint le centre du Soleil à celui de la planète — décrit des aires égales en des temps égaux ;

3° Les carrés des temps employés par les planètes à faire leur révolution autour du Soleil sont proportionnels aux cubes des distances moyennes.

---

2. — Les planètes.

(Planche III.)

Nombre. Les anciens ne connaissaient que 5 planètes visibles à l'œil nu : Mercure, Vénus, Mars, Jupiter et Saturne, puis la Terre et la Lune. Depuis l'invention du téléscope, on a découvert successivement les 4 satellites de Jupiter, les 8 satellites de Saturne et l'anneau dont cette planète est entourée, la planète Uranus et ses 6 satellites, Neptune et son satellite, et 45 planètes télescopiques.

---

3. — Ordre et distance.

(Planches III et IV.)

Suivant leur distance moyenne du Soleil, les planètes se rangent en trois groupes. Le premier comprend les 4 planètes les plus voisines du Soleil ou petites planètes, Mercure, Vénus, la Terre et Mars ; les 4 grosses planètes, Jupiter, Saturne, Uranus et Neptune forment le groupe extérieur ; le groupe intermédiaire des planètes télescopiques remplit à peine la moitié de l'espace compris entre l'orbite de Mars et celle de Jupiter.

La distance moyenne de la Terre au Soleil est de 15,347,000 myriamètres. En prenant cette distance pour unité de comparaison, on trouve les distances suivantes :

Mercure. . . .	0,38700
Vénus	0,72333
La Terre . . .	1,00000
Mars.	1,52369
Petites planètes de.	2,202
à.	3,151
Jupiter	5,20277
Saturne. . . .	9,53885
Uranus	19,18239
Neptune. . . .	30,03628

On voit que les distances vont en croissant, suivant une certaine progression qu'il n'a pas été possible de déterminer exactement, de la planète la plus rapprochée du Soleil à celle qui en est le plus éloignée.

---

4. — Orbites des planètes, excentricité et inclinaison des orbites.

(Planche II.)

Les planètes décrivent autour du Soleil des orbites elliptiques dont la forme est déterminée par la longueur du grand axe et la distance des deux foyers. Cette distance, que l'on nomme *excentricité,* varie depuis 0,006, comme dans l'orbite presque circulaire de Vénus, jusqu'à 0,255 dans l'orbite de Mercure, la plus excentrique des 8 grandes planètes. Les petites planètes se distinguent par l'excentricité excessive et l'entrelacement de leurs orbites. L'excentricité n'est pas constante ; elle augmente chez Mercure, Mars et Jupiter et diminue pour Vénus, la Terre, Saturne et Uranus. Mais ces perturbations sont périodiques et régulières et se compensent dans un temps déterminé.

Toute orbite planétaire est couchée sur le même plan ; mais les plans des diverses orbites ne sont pas parallèles entre eux ; ils sont, en outre, plus ou moins inclinés sur le plan dans lequel se meut la Terre. Les orbites des petites planètes présentent l'inclinaison la plus considérable.

Ensuite, l'axe de rotation des planètes n'est pas perpendiculaire au plan de leur orbite ; il est également plus ou moins incliné sur ce plan. Cette inclinaison est presque nulle dans Jupiter ; dans Uranus, au contraire, l'axe de rotation coïncide presque avec le plan de l'orbite.

Les grandes planètes extérieures, en même temps qu'elles tournent plus rapidement sur elles-mêmes, sont aussi celles qui mettent le plus de temps à opérer leur révolution autour de Soleil. Les petites planètes intérieures accomplissent, au contraire, leur rotation plus lentement. Quant aux planètes télescopiques, elles offrent, sous ce rapport, de grandes différences. La révolution la plus longue est celle d'Hygie ; la plus courte, celle de Flore.

Les planètes tournent

Autour du soleil :		Autour d'elles-mêmes :
Mercure,	en 87 jours,	en 24 heures 5 minutes.
Vénus,	» 224 »	» 23 » 21 »
La Terre,	» 1 an,	» 23 » 56 »
Mars,	» 2 ans,	» 24 » 37 »
Petites planètes,	»	
Jupiter,	» 12 »	» 9 » 55 »
Saturne,	» 29 »	» 10 » 29 »
Uranus,	» 84 »	»
Neptune,	» 165 »	»

---

5. — Grandeur apparente et absolue des planètes. — Configuration.

(Planches IV et V.)

La grandeur apparente des planètes varie suivant la distance à laquelle ces corps se trouvent de nous. Vénus nous paraît, à certaines époques, plus grande que Jupiter, tandis que son diamètre réel est 12 fois plus petit.

Sous le rapport de la grandeur vraie, les planètes se rangent dans l'ordre suivant : Petites planètes, dont les plus grandes paraissent être Pallas et Vesta, Mercure, Mars, Vénus, la Terre, Neptune, Saturne et Jupiter.

Les corps planétaires ne sont pas absolument sphériques, ils présentent la figure d'un globe légèrement aplati aux pôles de rotation et renflé vers le milieu. Cet aplatissement est insensible pour Mercure, Vénus et Mars ; il est de $^1/_{299}$ pour la Terre, $^1/_{16}$ pour Jupiter, $^1/_{10}$ pour Saturne et $^1/_9$ pour Uranus. L'aplatissement est d'autant plus considérable que la rotation est plus rapide. De l'aplatissement, c'est-à-dire de la différence qui existe entre la longueur de l'axe et le plus grand diamètre d'une planète, dépendent certains changements dans la forme de son orbite et dans sa position.

---

6. — Volume, densité, masse.

(Planche IV.)

Quand la grandeur et la forme d'une planète sont connues, on en trouve aisément le volume. De la planète Jupiter, on pourrait former 1,414 globes comme notre terre ; de Saturne, 755 ; d'Uranus, 82 ; de Neptune, 108 ; et le volume du Soleil suffirait pour faire plus de 1,400,000 globes terrestres.

Après avoir mesuré les planètes, on est parvenu à les peser, c'est-à-dire on en a déterminé la densité, qui est le rapport de leur volume à la masse ou à la matière qui les compose. Ainsi, l'on a trouvé que la Terre pèse 5,44 fois plus qu'un égal volume d'eau. Mercure, Vénus et Mars, sous le rapport de la pesanteur spécifique, ne diffèrent pas beaucoup de la Terre; les quatre grandes planètes, quoique peu différentes entre elles, ont cependant 4 à 5 fois moins de consistance que les premières. La pesanteur spécifique du Soleil est un peu plus grande que celle de Jupiter et de Neptune. En général, les planètes les plus voisines du Soleil sont aussi les plus denses.

---

7. — Intensité de la lumière, phases.

En prenant pour terme de comparaison l'intensité de la lumière que la Terre reçoit du Soleil, on arrive aux résultats suivants : Mercure 6,674, Vénus 1,911, Mars 0,431, Jupiter 0,036, Saturne 0,011, Uranus 0,003, Neptune 0,001.

Mais cette intensité n'est pas constante; elle varie suivant que la planète, dans son orbite excentrique, se trouve le plus rapprochée du Soleil, dans son *périhélie,* ou qu'elle en est le plus éloignée à l'époque de son *aphélie.*

Si la lumière est 7 fois plus intense sur la surface de Mercure que sur la surface de la Terre, elle doit l'être 368 fois moins à la surface d'Uranus. Neptune est 1,000 fois moins éclairé que notre globe, et la nuit, chez nous, est plus claire que les beaux jours de cette planète, placée aux dernières limites du domaine solaire.

Par suite du changement de la position des planètes vis-à-vis du Soleil et relativement à la Terre, les planètes intérieures présentent des phases semblables à celles de la Lune. Les planètes extérieures nous paraissent toujours pleines; leur distance est trop grande pour que nous puissions en distinguer les échancrures.

III

NOTIONS PARTICULIÈRES SUR LE SOLEIL ET LES PLANÈTES.

1. — Le Soleil.

(Planche V.)

Le soleil qui trône au centre de notre monde, et qui lui dispense la lumière et la chaleur, est un globe obscur par lui-même, mais entouré d'une *photosphère* ou atmosphère lumineuse. Le disque du Soleil, tel que nous le voyons, a un diamètre de 32' 34" ; il ne dépasse que de 54" celui de la Lune. Le vrai diamètre du Soleil est de 146,600 myriamètres ; il est, par conséquent, 112 fois plus grand que celui de la Terre ; sa surface est 12,544 fois et son volume 1,404,928 fois plus grand. Sa masse surpasse 359,555 fois la masse de notre globe ou 355,499 fois celle de toutes les planètes réunies. Pour donner une idée sensible de la grandeur du globe solaire, on peut dire que, si l'on représentait ce globe creux et la Terre au centre, il y aurait encore de l'espace pour l'orbite de la Lune, quand même la Lune serait à 30,000 myriamètres plus loin de nous qu'elle n'est réellement.

Quand on examine la surface du Soleil avec une lunette ordinaire garnie d'un verre coloré, on y remarque des taches irrégulières, très-noires, entourées d'une espèce de pénombre, qui tranchent vivement sur le fond resplendissant qui les environne. Ces taches se déplacent de jour en jour sur le disque solaire, disparaissent au bord occidental, et reparaissent, après un certain temps, au bord opposé. Le mouvement de ces taches prouve que le Soleil, comme les autres corps célestes, est doué d'un mouvement de rotation, et indique la durée de ce mouvement, qui est de 25 $^1/_2$ jours. La rotation du Soleil est donc très-lente; aussi n'a-t-on pu remarquer aucun aplatissement sensible dans le globe solaire.

Du reste, les taches du Soleil ne sont pas permanentes; on les voit souvent changer de forme, et se dissoudre au bout de quelques jours. Quelques-unes ont plus de 45,000 kilomètres d'étendue. Ces taches ne paraissent pas être autre chose que des parties du noyau obscur du soleil, vues à travers les ouvertures qui se forment dans son enveloppe lumineuse. On admet autour du Soleil trois enveloppes différentes; d'abord, une enveloppe inférieure, gazeuse, semblable à des vapeurs; puis une enveloppe lumineuse d'où émanent la lumière et la chaleur rayonnante; enfin, une enveloppe extérieure, ou atmosphère dans laquelle flottent les nuages.

La lumière du Soleil est la plus intense que nous connaissions; elle est deux ou trois fois plus vive que celle d'un courant électrique. L'éclat éblouissant de la lumière électrique, projetée sur le disque solaire, y apparaît comme une tache noire. Le noyau le plus sombre de ses taches est plus brillant que la portion la plus éclatante de la Lune.

---

2. — Mercure.

(Planche IV.)

Cette planète, quoique la plus rapprochée du Soleil, en

est toujours 160 fois plus éloignée que la Lune ne l'est de nous. Elle est rarement visible à l'œil nu. Dans les soirées du printemps et avant l'aurore en automne, Mercure nous apparaît dans le voisinage du Soleil, comme une étoile de 4e grandeur brillant d'une lumière blanche et intense. On croit que cette planète a une atmosphère, des montagnes, etc.

---

3. — Vénus.

(Planches IV et V.)

Vénus, que tout le monde connaît sous le nom d'*étoile du soir*, pendant les six premiers mois de l'année, et d'*étoile du matin*, pendant les six derniers, est une des étoiles les plus éclatantes du ciel ; on la distingue facilement à l'œil nu, même en plein jour. Sa lumière est 300 fois plus intense que celle de la pleine Lune, et projette même une certaine ombre. Si cette planète avait des habitants, ils verraient le firmament bien plus resplendissant que n'est le nôtre ; le Soleil serait pour eux 4 fois plus grand et sa lumière 2 fois plus intense que nous ne le voyons ; notre globe leur paraîtrait 9 fois plus grand et plus lumineux que cette étoile ne nous apparaît à nous-mêmes. En passant, à certaines époques périodiques, entre la Terre et le Soleil, Vénus produit dans le disque solaire une tache noire et parfaitement ronde. L'observation de ces passages de Vénus, particulièrement de ceux qui ont eu lieu en 1761 et en 1769, a été très-utile pour les progrès de l'astronomie. Vénus est certainement enveloppée d'une atmosphère pure et sans nuages. Ses bords présentent, comme ceux de la Lune, des échancrures et des phases très-distinctes.

---

4. — La Terre.

L'étude de notre globe fera l'objet du chapitre suivant.

---

5. — Mars.

(Planche IV.)

Cette planète, beaucoup plus petite que la Terre, paraît une belle étoile rougeâtre sur le disque de laquelle on découvre des espaces foncés d'une couleur verdâtre, qui conservent toujours les mêmes contours. On dirait une petite mappemonde dont on aurait colorié les continents en rouge et les mers en brun verdâtre. Elle occupe dans le ciel les positions les plus variées. L'atmosphère qui l'entoure paraît être plus dense que la nôtre; vers les pôles, on remarque des zones blanches qui semblent indiquer la présence de neiges éternelles. De toutes les planètes, Vénus est celle qui offre le plus d'analogie avec la Terre; elle a la même durée du jour et les mêmes vicissitudes des saisons.

---

6. — Planètes télescopiques.

(Planche IV.)

Ces petites planètes, qu'on nomme aussi astéroïdes ou planètes intermédiaires, sont invisibles à l'œil nu; elles remplacent, dans l'espace compris entre Mars et Jupiter, une planète de taille ordinaire en se groupant dans une zone étroite. Quatre d'entre elles, Cérès, Pallas, Junon et Vesta, ont été découvertes de 1801 à 1807; depuis, on en a reconnu successivement un grand nombre qui, avec les trois dernières, découvertes cette année même, complètent un total de 45 planéticules.

Toutes se distinguent par leur extrême petitesse ; le diamètre de la plus grande n'est que de 107 myriamètres ; plusieurs n'ont qu'une surface qui égale à peine la superficie de l'île de Madagascar ou de la France. Leurs orbites sont excessivement inclinées et excentriques ; de plus, elles sont singulièrement entrelacées, comme les anneaux d'une chaîne. Ce merveilleux essaim de corps planétaires n'a pu se former, comme on le suppose, que par l'explosion d'une plus grosse planète circulant dans le même espace et dont les fragments, obéissant aux lois de la mécanique céleste, ont continué leurs révolutions séparément.

---

7. — Jupiter.

(Planche IV.)

Après Vénus, c'est l'étoile la plus brillante du firmament, dont l'éclat légèrement doré n'est égalé que par Sirius et Canopus. Jupiter est la plus grosse entre toutes les planètes; elle est 905 fois plus petite que le Soleil, mais 1,333 fois plus grande que la Terre. Tandis que son jour, la rotation autour de son axe, n'est que de 9 heures 56 minutes, son année, ou la période de sa révolution autour du Soleil, est de 11 ans et 344 jours de notre temps. Le disque de Jupiter présente des taches obscures qui sont probablement des portions du corps de la planète vues par des ouvertures de son enveloppe atmosphérique. Vers l'équateur, on remarque deux larges bandes de couleur grise dont les bords changent continuellement, et séparées par une ceinture fort brillante. Jupiter est accompagné de 4 lunes qui semblent refléter une lumière plus intense que la planète elle-même.

8. — Saturne.

(Planches IV et V.)

Cette planète est une étoile presque aussi grande mais beaucoup moins brillante que Jupiter ; son éclat est terne et plombé. Son disque est sillonné comme celui de Jupiter, parallèlement à son équateur, par des bandes alternativement sombres et lumineuses, dont on attribue l'apparition aux effets produits sur son atmosphère par des variations de température.

Mais Saturne se distingue des autres planètes par un phénomène qui lui est propre : il est entouré, dans le plan de son équateur, d'un anneau plat, mince et sans adhérence avec la planète, qui n'a pas 50 lieues d'épaisseur. Cet anneau est multiple et se compose de deux ou plusieurs anneaux concentriques, separés par des espaces obscurs. Ces anneaux sont opaques et projettent de l'ombre sur le corps de la planète ; ils sont probablement formés d'une matière liquide. Ils tournent avec une vitesse énorme, en 10 heures $^1/_2$, autour de la planète. En se présentant à nos yeux tantôt obliquement, tantôt éclairé par la tranche seulement, l'anneau de Saturne indique, avec une grande précision, la position de cette planète à toutes les époques de l'année. A cause de sa grande distance du Soleil, Saturne n'en reçoit qu'une faible portion de lumière; mais il est éclairé, en revanche, par ses 8 satellites, à peine visibles à l'aide de nos plus forts télescopes.

---

9. — Uranus.

(Planche IV.)

Vue à l'œil nu, cette planète n'a que l'apparence d'une

étoile de 6e ordre. Elle a été découverte, en 1781, par l'astronome anglais W. Herschel. Son volume égale 76 fois celui de la Terre, et la lumière qu'elle reçoit du Soleil est 360 fois plus faible que celle que reçoit la Terre ; le jour, en plein midi, y est moins clair qu'une nuit sereine sur le globe terrestre. Uranus a 6 lunes.

---

10. — Neptune.

(Planche IV.)

On avait observé dans la marche d'Uranus des irrégularités apparentes qui devaient dépendre de l'attraction exercée par une autre planète dont la présence n'était pas connue. L'étude de ces perturbations a conduit à la découverte de Neptune, la dernière planète de notre système, signalée par M. Leverrier, de Paris, et reconnue peu après par M. Galle, de Berlin, en 1846.

Cette découverte a agrandi du double le domaine du Soleil, en portant les limites extrêmes de notre monde solaire à 460 millions de myriamètres du corps central. Placé aux confins du système, Neptune gravite lentement dans son immense orbite et n'accomplit sa révolution qu'en 168 ans, dans une obscurité profonde ; car il reçoit 1,000 fois moins de lumière que la Terre.

IV

LES SATELLITES.

(Planche IV.)

Cinq des planètes principales : la Terre, Jupiter, Saturne, Uranus et Neptune, forment des systèmes secondaires dont elles sont le centre ; elles sont accompagnées d'un ou de plusieurs corps planétaires plus petits qui, en tournant autour d'elles, les accompagnent dans leur marche annuelle autour du Soleil. On connaît actuellement 20 satellites : le premier, la Lune, appartient à la Terre ; Jupiter en a 4, Saturne 8, Uranus 6 et Neptune 1. Proportionnellement à leur planète, les satellites sont beaucoup plus petits ; le diamètre de la Lune est 4 fois plus petit que celui du globe terrestre ; mais la 6e lune de Jupiter a un diamètre 17 fois moins grand que cette planète. Quant à la distance qui sépare les satellites de leur planète centrale, c'est la 7e lune de Saturne qui s'écarte le plus de son centre : elle en est 10 fois plus éloignée que la Lune ne l'est de la Terre. Le satellite le plus rapproché de sa planète est le 1er de Saturne, qui offre, en outre, l'unique exemple d'un satellite tournant en moins de 24 heures autour de la planète qu'il escorte. Il est presque certain que chaque satellite met à tourner autour de son axe exactement le même temps qu'il emploie à accomplir sa révolution autour de sa planète. Il en résulte que le satellite présente à celle-ci toujours la même face. Chaque satellite offre des phases et des éclipses que nous expliquerons dans le chapitre IX.

V

LUMIÈRE ZODIACALE.

(Planche XII, figure 19.)

La lumière zodiacale est une lueur très-faible qui, dans certaines saisons, apparaît, à l'occident, après le crépuscule du soir, ou le matin, à l'orient, avant le lever du soleil, en dessinant une pyramide lumineuse inclinée obliquement sur l'horizon dans la direction du zodiaque, d'où lui vient son nom. Ce charmant phénomène embellit surtout de son doux éclat les nuits des régions équinoxiales; dans nos climats, on le voit généralement le soir, en mars et avril, et le matin, en septembre et octobre. La nature et la cause de la lumière zodiacale sont encore inconnues; d'après quelques savants, elle rayonnerait d'un anneau nébuleux, aplati, et circulant librement dans l'espace compris entre les orbites de Vénus et de Mars. Ce serait donc un corps planétaire soumis aux mêmes lois qui régissent notre système solaire.

VI

LES COMÈTES.

(Planche XI.)

Souvent on voit apparaître, dans les espaces du domaine solaire, des astres nouveaux, d'un volume énorme et d'un aspect étrange, qui s'approchent du soleil en décrivant des orbites paraboliques très-allongées, et qui s'en éloignent ensuite pour disparaître pour longtemps. Le plus souvent, on ne les revoit plus; ceux qui reviennent, et dont on a pu calculer la marche et prédire le retour, ne s'éloignent guère de notre monde planétaire. Sur environ 600 comètes observées, nous n'en avons encore que 5 dont le retour soit connu. Ces comètes sont celles de Halley, de Encke, de Biéla, de Faye et de Brorsen. Plusieurs de ces astres, après avoir visité notre soleil, se lancent sans doute dans les profondeurs de l'espace, et vont arrondir momentanément leur course vagabonde autour d'autres soleils, errant ainsi dans l'univers entier. Une des comètes à retour périodique, celle de Vico, a disparu à son avant-dernier retour; une autre, celle de Biéla, s'est dédoublée en 1846, et l'on revit deux comètes voisines, marchant de conserve et suivant la même route que la comète de Biéla; depuis, on ne l'a plus revue.

La nature et l'origine des comètes nous sont inconnues. Tout ce qu'on en sait, c'est qu'elles sont des corps planétaires se mouvant dans l'espace, en obéissant aux lois générales de la gravitation. Si leur volume est énorme, leur masse, au contraire, est insignifiante et excessivement disséminée. Les comètes sont composées d'une matière d'une ténuité incompréhensible; la plus légère fumée, des vapeurs diaphanes, et même des gaz transparents sont infiniment plus denses que la matière cométaire, qui n'affaiblit ni ne réfracte au passage la lumière des étoiles les plus faibles.

La lumière, quelquefois si brillante, des comètes n'est qu'un éclat emprunté au Soleil; à l'aide d'un admirable instrument inventé par Arago, le *polariscope*, on peut décider si un rayon de lumière qui arrive jusqu'à nous, après avoir parcouru les espaces célestes, est un rayon émané directement d'une source de lumière, ou si ce rayon n'est qu'un reflet, ou s'il a été réfracté en passant par un milieu quelconque, et, enfin, si la source de cette lumière est un corps solide, liquide ou gazeux. La lumière des comètes a été trouvée polarisée, c'est-à-dire réfléchie. Les comètes ne sont donc pas des corps planétaires en combustion, comme on le croit vulgairement.

A mesure qu'une comète se rapproche du Soleil, elle augmente de vitesse et d'éclat; elle ralentit son vol et perd peu à peu sa lumière en s'en écartant, jusqu'à ce qu'elle disparaisse complétement dans les profondeurs du ciel. Comme les orbites cométaires sont très-excentriques, l'aphélie de la comète se trouve quelquefois très-rapprochée du Soleil, qui occupe le foyer de son orbite. Quelques comètes se sont rapprochées de la surface même du Soleil au point de la raser, à une distance moindre que le diamètre du Soleil lui-même. On conçoit que ce voisinage puisse être dangereux pour l'existence de la comète.

Généralement, les comètes ont un centre plus brillant, le noyau ou la tête, d'où se recourbe en arrière une queue ou une chevelure, longue quelquefois de plusieurs millions de lieues, et prenant les formes les plus variées. Tantôt cette nébulosité s'épanouit en éventail, tantôt elle ressemble à des aigrettes, tantôt à deux ou plusieurs longues queues divergentes. L'appendice des comètes est toujours à l'opposite du Soleil : elle suit la comète quand celle-ci se meut vers le Soleil, elle la précède quand la comète s'en éloigne. La queue des comètes est probablement composée de matières qui s'échappent du noyau, en fusant, pour ainsi dire, par le bout opposé au soleil, et qui se perdent dans l'espace. Ces émanations ont été trouvées, comme pour les comètes de 1680 et 1811, d'une longueur égale à une ligne qui irait de la Terre au Soleil : cône immense de matières gazéiformes qui traverse les orbites de Mercure et de Vénus, et qui a atteint plus d'une fois, probablement, notre atmosphère.

Le nombre des comètes est incalculable; cette année même, on en a déjà découvert trois nouvelles. Parmi les comètes observées, les plus célèbres sont : la grande comète de 1680, qui, d'après Encke, achève sa révolution en 8814 ans ; celle de 1718, dont l'éclat surpassait celui de Vénus ; la comète de 1811, dont le noyau avait un diamètre de 100,000 kilomètres. Ce noyau central était resplendissant ; il était entouré d'un large anneau grisâtre et vaporeux, bordé par une couche plus lumineuse qui s'ouvrait en forme d'entonnoir, et s'effilait en deux traînées lumineuses d'une couleur jaunâtre et longues de plus de 80 millions de kilomètres. Son énorme volume dépassait 500,000 fois celui de la Terre ; la durée de sa révolution est de 3,065 ans. Les comètes de Halley, d'Olbers, d'Encke et de Biéla achèvent leur révolution en $75\,^1/_2$, 74, $3,^{29}/_{100}$ et $6\,^{74}/_{100}$ ans.

En se rapprochant, dans leur course, du Soleil ou d'une grosse planète, les comètes éprouvent, par suite de l'attraction que ces corps exercent sur elles, des perturbations ;

par contre, à cause de leur peu de densité, elles n'ont jamais causé la moindre altération sensible dans le mouvement d'une planète. On voit par là combien les chocs d'une comète contre notre terre sont peu à redouter, s'ils venaient à se produire; ce qui est infiniment peu probable.

VII

LES ASTÉROÏDES, BOLIDES, ÉTOILES FILANTES.

(Planche XI.)

Des myriades d'astéroïdes, d'une petitesse extrême et dont la nature et les mouvements sont peu connus, achèvent de peupler les espaces planétaires, et nous offrent, en entrant dans notre atmosphère, soit isolément, soit en essaims nombreux, le brillant spectacle d'étoiles filantes, d'aérolithes ou de météores ignés. Tout porte à croire que ces petits corps, formés par la condensation des matières répandues dans l'espace, se meuvent autour du Soleil et sont fréquemment troublés dans leur course par l'attraction des planètes auprès desquelles ils passent. En touchant à notre atmosphère, ces corps se condensent et s'enflamment; ils éclatent alors et se brisent en fragments incandescents qui se précipitent avec une vitesse énorme sur la surface de la Terre. Rien n'est plus variable que la hauteur des étoiles filantes au moment où nous les apercevons : elle oscille entre 3 et 36 myriamètres, hauteur où règne déjà un vide presque absolu.

On aperçoit les étoiles filantes dans toutes les saisons et dans toutes les régions du ciel; elles se dirigent dans tous les sens avec une vitesse égale à celle de notre globe dans sa marche annuelle. On compte, en moyenne, environ 16 de ces phénomènes par heure. Cependant on a remarqué que certaines époques de l'année se distinguent particulièrement par la fréquence des étoiles filantes. La nuit du 12 au 13 novembre et celle de la fête de saint Laurent, du 11 au 12 août, présentent périodiquement une véritable pluie de météores, des averses d'étoiles filantes. On suppose que cette multitude de petits corps planétaires se trouve groupée en anneaux ou courants dans l'orbite de la Terre, et que notre planète les rencontre à certaines périodes de sa course annuelle.

On a retrouvé sur la surface de la Terre des fragments météoriques qui se composent des mêmes minéraux dont est formée la partie solide de notre globe, et particulièrement de fer.

VIII

LA TERRE.

—

1. — Figure et dimension de la Terre.

(Planche X.)

La figure de la Terre est, comme celle de tous les autres corps célestes, à peu près sphérique ; c'est un globe légèrement aplati aux pôles. On a essayé de démontrer la sphéricité de notre planète de diverses manières ; mais on l'a aussi déterminée en mesurant directement, et avec une grande précision, plusieurs arcs ou parties de la courbure de la surface terrestre. Déjà onze mesures de degrés, dont neuf furent exécutées en Europe, une au Pérou et deux aux Indes orientales, nous ont appris à connaître la figure de notre globe. Mais ces mesures ont prouvé que la courbure n'est pas la même en différents points de la surface terrestre. Il en résulte que la circonférence du globe, à égale distance des deux pôles, ou l'équateur, est plus grande que celle qui passe par ces deux pôles. Le diamètre équatorial a une étendue de 12,756 kilomètres ; le diamètre compris entre ces deux pôles n'a que 12,712 kilomètres ou environ 44 kilomètres de moins. Cette différence, qui égale à peine cinq fois la hauteur de nos montagnes les plus élevées, est assez peu considérable pour que nous puissions considérer la Terre comme une sphère parfaite. Sur un globe qui n'aurait qu'un mètre d'épaisseur, l'aplatissement de 1/299 serait insensible à la simple vue. La circonférence équatoriale est, d'après l'évaluation légale, de 40 millions de mètres ou de 4,000 myriamètres. La différence entre l'équateur et un cercle qui passerait par les deux pôles est de 67 kilomètres.

La surface de la Terre est de 509,950,820 kilomètres carrés ou de 50,995 millions d'hectares. Son volume est de 1,082,841 millions de kilomètres cubes, en tenant compte de l'aplatissement.

Les deux hémisphères paraissent avoir à peu près la même courbure; mais il est probable qu'il existe encore d'autres irrégularités de la surface terrestre ; mais ces irrégularités, ainsi les protubérances des continents et même des plus hautes montagnes, ne sont, en comparaison du volume entier de notre planète, que des rugosités à peine sensibles. La figure réelle de la Terre est à une figure régulière, géométrique, ce que la surface accidentée d'une eau en mouvement est à celle d'une eau tranquille.

---

2. — Masse, densité, pesanteur de la Terre.

Après avoir déterminé le volume du globe, on en a également, par des observations très-délicates, évalué la masse et la consistance; or, le rapport entre la masse dont un corps est composé et son volume n'est autre chose que la pesanteur.

La densité moyenne de la Terre est environ 5,44 fois plus grande que celle de l'eau, qui sert de comparaison. Mais, comme la densité de la croûte superficielle du globe, composée de roches de diverses espèces, équivaut à peine à 2,7 fois celle de l'eau, et que celle des mers et des continents ensemble n'atteint pas 1,6, il est certain que l'intérieur du globe doit être composé de matériaux dont la densité va croissant de la surface au centre, soit à cause de leur nature, soit par suite de la pression énorme qu'ils supportent. Le Soleil, nous l'avons vu, n'a pas le quart de la consistance de la Terre ou à peine celle de l'eau. La densité des autres planètes varie depuis la pesanteur de l'antimoine fondu jusqu'à celle du sapin. Les comètes, qui sont de beaucoup les corps les plus volumineux de notre système solaire, sont formées d'une matière si disséminée, que leur densité est incomparablement moins forte que celle des gaz les plus dilatés, les plus légers.

3. — Mouvement. — Mesure du temps.

(Planche IX.)

La Terre est douée d'un double mouvement : elle tourne à la fois autour d'elle-même et autour du Soleil. Le mouvement diurne ou la *rotation* s'effectue uniformément en 23 heures 56 minutes 4 secondes, temps moyen. C'est notre *jour sidéral*. Il ne faut pas confondre le jour sidéral, qui a une durée invariable, avec le *jour solaire vrai*, qui se règle sur le passage du Soleil au méridien et varie d'un bout à l'autre de l'année, ni avec le *jour moyen*, auquel on donne une durée égale à la moyenne du jour solaire vrai. C'est sur le temps moyen que se règlent les montres et les horloges.

La vitesse de la rotation varie d'un point à l'autre de la surface terrestre, suivant leur position ; nulle aux pôles, elle atteint son maximum à l'équateur. Là, un point parcourt en 24 heures, ou 86,400 secondes, une circonférence de 40 millions de mètres ou 456 mètres par seconde.

Le mouvement de translation autour du Soleil, ou la révolution, s'accomplit en 365 jours 6 heures 9 minutes 11 secondes; sa durée constitue notre *année sidérale.* L'année sidérale diffère de l'année *tropique,* de l'année *anomalistique,* de l'année *synodique,* et de l'année *civile,* calculées sur d'autres éléments.

La vitesse de translation de la Terre dans l'espace est proportionnelle à l'énorme longueur de la carrière qu'elle doit parcourir; les deux points diamétralement opposés de son orbite sont à une distance de plus de 300 millions de kilomètres l'un de l'autre.

Ce double mouvement, diurne et annuel, s'effectue d'occident en orient; c'est l'inverse du mouvement apparent, que l'illusion de nos sens nous fait paraître réel.

---

4. — Inclinaison. — Distribution de la lumière et de la chaleur.

(Planche IX.)

Par la rotation, la Terre présente successivement toutes les parties de sa surface au Soleil. Le Soleil éclaire à tout instant une moitié du globe, tandis que la moitié opposée reste dans l'ombre : de là les alternatives des jours et des nuits. La limite entre la partie éclairée et la partie obscure forme le *cercle d'illumination,* qui est toujours une grande circonférence du globe. Si l'axe de la Terre était perpendiculaire au plan de son orbite, c'est-à-dire de l'*écliptique,* ou, en d'autres termes, si le plan de l'équateur terrestre coïncidait avec le plan de l'écliptique, le cercle d'illumination passerait toujours par les deux pôles et partagerait régulièrement en deux moitiés les cercles que décrivent tous les lieux du globe pendant la durée de la rotation diurne. Il n'y aurait donc, pour tous les lieux de la terre, ni inégalité des jours et des nuits, ni vicissitudes des saisons; les deux hémisphères, boréal et austral, que divise l'équateur, auraient une part égale dans la distribution de la lumière et de la chaleur du Soleil. Mais l'axe de la Terre est *incliné* sur le plan de son orbite en formant avec celui-ci un angle de 23 $^1/_2$ degrés, et il conserve constamment cette même direction, tandis que sa position vis-à-vis du Soleil change suivant les points que le globe occupe dans la ligne de l'écliptique.

En suivant sur la figure (planche IX) les positions relatives du Soleil et de la Terre, l'on voit qu'au *solstice d'été* le cercle d'illumination embrasse une partie, plus grande que la moitié, de l'hémisphère boréal, et une partie plus petite de l'hémisphère austral; l'inverse a lieu au *solstice d'hiver; aux équinoxes de printemps et d'automne,* ce cercle passe par les deux pôles et partage l'un et l'autre hémisphère en parties égales; l'équateur, enfin, est toujours partagé également. Il en résulte qu'à toutes les époques de l'année, à l'équateur, les jours sont égaux aux nuits, c'est-à-dire de 12 heures, et que la différence entre les jours et les nuits va en augmentant par une progression croissante de l'équateur aux pôles, où le jour comme la nuit est de 6 mois. Cette différence entre la longueur des jours et celle des nuits est la plus grande au moment des solstices; elle est nulle aux équinoxes, où la durée des jours est égale à celle des nuits pour tous les points du globe. Pendant que l'hémisphère boréal a ses plus longs jours, l'hémisphère austral a ses plus longues nuits, la partie éclairée de l'un est toujours égale à la partie obscure de l'autre.

Les saisons astronomiques dépendent des mêmes conditions. Un lieu quelconque du globe reçoit du Soleil d'autant plus de chaleur, que la direction des rayons solaires est moins oblique et que la durée de leur action est plus longue. Sous ce rapport, nous retrouvons la même inégalité dans la

4.

distribution de la chaleur suivant les hémisphères. Au solstice d'été, l'hémisphère boréal a son été, c'est-à-dire ses plus longs jours et, par conséquent, sa plus haute température ; l'inverse a lieu pour l'hémisphère austral. Au solstice d'hiver, les rôles sont intervertis. Aux équinoxes de printemps et d'automne, au contraire, les deux moitiés du globe sont également favorisées et la température se maintient généralement dans un état moyen entre les chaleurs de l'été et les froids de l'hiver.

---

5. — Zones climatériques.

Pour donner une idée générale de la répartition de la lumière et de la chaleur, on a divisé la surface du globe en cinq bandes ou *zones* limitées par quatre petits cercles parallèles à l'équateur, les *tropiques* et les *cercles polaires*. Entre le tropique du *Capricorne*, qui correspond au solstice d'hiver, et le tropique du *Cancer*, qui se rapporte au solstice d'été, se trouve comprise la *zone torride*. Dans cette région, il y a peu d'inégalité entre les jours, peu de différence entre les températures; le Soleil les frappe de ses rayons presque perpendiculaires pendant toute l'année. Aussi n'y a-t-il pas de saisons proprement dites, mais des époques alternantes de pluies et de sécheresse.

Les *cercles polaires, arctique* dans l'hémisphère boréal, *antarctique* dans l'hémisphère austral, sont distants des pôles de 23 $^1/_2$ degrés, c'est-à-dire du même espace que les tropiques sont distants de l'équateur. Ils embrassent la *zone glaciale arctique* et la *zone glaciale antarctique*, tristes régions, à peine éclairées et réchauffées par les rayons très-obliques du Soleil, qui s'élève peu au-dessus de l'horizon. La durée des plus longs jours, qui est de 24 heures au cercle polaire, augmente rapidement vers le pôle, où un jour et une nuit d'environ six mois se partagent l'année. L'unique saison est un éternel hiver, à peine interrompu par un été de quelques jours.

Entre les cercles polaires et les tropiques s'étendent les deux *zones tempérées, boréale* et *australe*. Là, tout varie suivant les époques de l'année : la durée des jours, l'obliquité plus ou moins considérable des rayons solaires et l'état de la température; les quatre saisons alternent régulièrement.

Les climats physiques ne correspondent pas exactement aux climats astronomiques. Ce n'est pas seulement la température, mais bien d'autres causes, générales ou locales, qui concourent à constituer le climat réel d'une région : toutes les variations auxquelles l'atmosphère est soumise, la pression et le mouvement de l'air, l'humidité et les pluies, le degré de transparence et de sérénité du ciel, la configuration de la surface terrestre, le relief des continents, la distribution des eaux océaniques, sont autant de conditions climatériques. Chaque région a son climat particulier qui lui est propre. En général, les contrées intertropicales ont des climats *constants* et uniformes; dans les contrées polaires, le climat devient *excessif,* c'est-à-dire passant d'un froid intense à une chaleur courte mais vive. Les pays situés dans les zones tempérées jouissent d'un climat *variable*. Le voisinage de la mer donne aux îles et aux côtes occidentales des continents un air humide, un ciel couvert, des pluies abondantes, des hivers doux et des étés modérés : c'est le climat *marin*. Le climat *continental* règne dans l'intérieur des continents : l'air y est sec et les pluies y sont rares; le ciel reste longtemps pur et serein, et la terre s'échauffe excessivement en été et se refroidit de même en hiver.

L'Europe doit la douceur de son climat général à sa configuration découpée par des méditerranées et des golfes, aux courants marins qui baignent ses côtes occidentales de leurs eaux réchauffées sous l'équateur, et au voisinage de l'Afrique, dont les vents chauds viennent se confondre, en les tempérant, avec les masses atmosphériques de l'Europe. Mais, lorsqu'on pénètre dans l'intérieur du continent, tout change : sa largeur augmente, sa forme devient plus compacte, l'influence de la mer diminue, les vents d'ouest ont perdu leur humidité, et sont devenus des vents de terre. De là l'abaissement progressif de la température, et l'écart excessif entre la chaleur de l'été et le froid de l'hiver, la sécheresse et la transparence de l'air et la rareté des pluies et des météores électriques.

Le Soleil est la source de la lumière et de la chaleur rayonnante. Si le Soleil n'existait pas, la Terre perdrait, en rayonnant librement vers les espaces célestes, la portion de chaleur centrale primitive qu'elle a conservée ; elle se refroidirait sans cesse jusqu'à ce qu'elle fût parvenue au froid absolu. Mais le Soleil projette journellement ses rayons lumineux et calorifiques sur la surface du globe et sur l'atmosphère qui l'environne. L'irradiation solaire élèverait la température du globe dans une progression effrayante si la Terre ne restituait, en rayonnant à son tour vers l'espace, une quantité de chaleur égale à celle qu'elle a absorbée. Cette quantité est considérable ; car la puissance échauffante que le Soleil exerce, pendant un an, sur toute la surface terrestre, est capable de fondre une couche de glace de 15 mètres d'épaisseur, répartie uniformément sur le globe entier. Ce double pouvoir d'absorber la chaleur solaire et de la restituer à l'espace par voie de rayonnement produit donc, pour la Terre, un échange continuel de chaleur, un équilibre de température tellement constant, que, depuis des milliers d'années, la température du globe n'a pas varié d'une manière appréciable. La quantité de chaleur que la Terre reçoit annuellement du Soleil reste toujours la même ; mais, ainsi que nous venons de le voir, elle est inégalement répartie, suivant la position des lieux et la marche apparente du Soleil.

---

6. — Les trois enveloppes du globe.

(Planche X.)

Notre planète est entourée de trois enveloppes, solide, liquide et gazeuse, superposées dans l'ordre de leur pesanteur.

L'écorce solide du globe, la *terre*, est formée de matières minérales d'une origine différente. La substance minérale la plus répandue, qui forme à elle seule plus des $^3/_4$ de la masse solide, est l'acide silicique, soit isolé, soit combiné avec un nombre restreint d'autres minéraux. Puis viennent l'aluminium, le calcaire, etc. Les roches sont tantôt stratifiées, disposées en couches originairement horizontales et déposées au sein de l'Océan primitif; tantôt elles consistent en masses éruptives qui ont été poussées de l'intérieur du globe, par des forces souterraines, dans un état de fusion ou de ramollissement et épanchées au dehors en masses saillantes, en coulées, ou soulevées en dômes.

Ces roches stratifiées portent le nom de *terrains de sédiment*, les roches éruptives celui de *terrains plutoniques*. A ces formations on peut ajouter les *terrains métamorphiques*, transformés par l'expansion des gaz et le contact des masses incandescentes; enfin, les *terrains de transport* ou conglomérats, formées des débris des autres formations fracturées et broyées dans les grands bouleversements que la croûte de la Terre a dû souvent éprouver.

Nous ne connaissons rien de l'intérieur du globe, car les travaux des mines et le forage des puits artésiens ne pénètrent qu'à une faible profondeur, qui égale à peine 1/1000 du rayon terrestre. Tout ce qu'il nous est permis de conclure, c'est que l'intérieur du globe est composé de matériaux dont la densité augmente de la surface vers le centre. Comme la chaleur augmente également, dans une progression connue, à mesure qu'on pénètre dans l'intérieur du globe, on présume que les parties centrales ont conservé leur fluidité et leur chaleur primitives. On a trouvé que la température augmente dans la profondeur à raison d'un degré pour 50 mètres. Si cette loi s'appliquait à toutes les profondeurs, on rencontrerait le granit en pleine fusion, à une profondeur de 40,000 mètres, c'est-à-dire 4 à 5 fois la hauteur des montagnes les plus élevées. Une autre preuve de l'accroissement progressif de la température intérieure du globe se trouve établie par la température des eaux qui jaillissent des puits artésiens, par celle des roches qu'on exploite dans les mines profondes, et surtout par l'éruption des masses volcaniques que la Terre rejette de son sein.

L'enveloppe liquide, l'Océan, qui a dû recouvrir autrefois la Terre entière, couvre encore aujourd'hui les trois quarts de la surface terrestre.

L'enveloppe extérieure, l'air, forme autour du globe une couche gazeuse, transparente, d'une épaisseur uniforme et limitée, dont l'épaisseur n'est probablement que de 60 à 75 kilomètres. C'est notre *atmosphère,* qui prend exactement la forme du globe et fait corps avec lui. La masse totale de l'atmosphère n'est que la millionième partie de la masse du globe. Cependant l'atmosphère pèse de tout son poids sur la surface terrestre; ce poids est égal à celui qu'aurait une couche d'eau de $10^{m},334$ ou une couche de mercure de $0^{m},760$ d'épaisseur qui envelopperait le globe entier.

Mais, puisque l'air est un fluide élastique, compressible et doué d'une force expansive, les couches d'air superposées qui entourent le globe ne peuvent avoir une densité égale; elles sont d'autant plus comprimées et plus pesantes qu'elles sont plus rapprochées de la Terre; elles se raréfient et se dilatent à mesure qu'elles s'en éloignent. A une certaine hauteur, à 10,000 mètres par exemple, l'air est d'une telle tenuité, qu'il ne suffit plus à la respiration, il ne porte plus les ailes des oiseaux, il propage à peine le son. Si, au contraire, l'air pouvait pénétrer dans une excavation de 100 kilomètres au-dessous de la surface de la Terre, il s'y condenserait par son propre poids au point de tenir en suspension les métaux les plus lourds. Au bord de la mer, l'homme supporte un poids de 15,000 kilogrammes qu'il ne sent pas tant que les fluides que son corps renferme lui tiennent équilibre.

L'atmosphère donne passage à la lumière et à la chaleur rayonnante, qui en est inséparable ; mais elle forme entre les astres lumineux et la Terre une espèce de voile diaphane qui *absorbe* et éteint en partie, *réfléchit* et *réfracte* les rayons qui se traversent.

La faculté d'absorber les rayons lumineux fait qu'on peut contempler le Soleil sans être ébloui quand il est à l'horizon : les rayons traversant obliquement une plus grande épaisseur d'atmosphère sont affaiblis, c'est-à-dire en partie éteints, par l'air interposé.

La réflexion atmosphérique produit l'azur du ciel, qui est d'autant plus foncé que l'air est plus pur et plus éloigné de l'horizon ; sous les tropiques et sur les hautes montagnes, le ciel prend une teinte presque noire. Mais l'air ne réfléchit pas seulement la lumière qui lui arrive directement, mais encore celle qui a déjà été réfléchie. Ce reflet d'un reflet produit la *lumière* diffuse qui nous éclaire quand le Soleil est voilé par des nuages opaques ou qu'il est caché par des corps interposés. Même pendant la nuit, un peu de lumière diffuse, à peine sensible pour nos organes, flotte encore dans l'atmosphère et s'oppose à ce que nous soyons plongés dans une obscurité absolue. C'est encore en réfléchissant les rayons obliques du Soleil qu'une partie de l'atmosphère s'illumine et se colore de mille teintes dorées et pourprées au coucher et au lever du Soleil. Ce charmant phénomène, l'*aurore* et le *crépuscule*, n'existe pas pour les régions situées sous l'équateur : la nuit y succède au jour subitement et sans transition. Mais la durée de l'aurore et du crépuscule augmente en s'éloignant de l'équateur, et vers les pôles ils abrégent et embellissent les longues nuits.

Par la réfraction, l'air fait dévier de la ligne droite le rayon qui le traverse; ce qui fait que nous ne voyons pas les astres à l'endroit où ils se trouvent effectivement. Le Soleil est déjà couché sous l'horizon au moment où le bord inférieur de son disque paraît y toucher; de même nous voyons le Soleil poindre quand il est déjà bien réellement levé. L'arc-en-ciel, les halos, les couronnes et le mirage sont également des phénomènes optiques que crée la propriété de l'air de réfracter les rayons lumineux.

IX

LA LUNE.

1. — Description de la Lune.

(Planche VI.)

Compagne fidèle de la Terre, la Lune forme avec celle-ci un monde à part, notre monde à nous. De tous les corps qui font partie du domaine du Soleil, c'est celui dont nous connaissons le mieux la grandeur, la configuration, la marche et même la constitution physique. On peut même dire que la surface de la Lune nous est mieux connue que la surface terrestre, parce qu'il nous est permis de l'étudier à une certaine distance et que nos regards en embrassent l'ensemble. Comme le Soleil, la Lune nous paraît circuler autour de la Terre immobile; mais, tandis que le mouvement du premier n'est qu'apparent, celui de la seconde est bien réel. La distance qui nous sépare de notre satellite est de 31,400 myriamètres; son diamètre est 336 myriamètres ou environ $^{1}/_{4}$ de celui de la Terre; sa surface est 14 fois, et son volume 54 fois moins considérable que la surface et le volume de notre globe. La Lune est formée de matières $^{5}/_{5}$ de fois plus légères que celles qui entrent dans la composition de notre globe; car, tandis que la Terre pèse 5,44 fois plus que le même volume d'eau, la Lune ne pèse que les 0,619 d'un égal volume d'eau.

La Lune est un globe presque sphérique et sans aplatissement sensible; ce globe est doué d'un triple mouvement de rotation autour de son axe, de révolution autour de la Terre, et de translation autour du Soleil. Ces deux premiers mouvements s'accomplissent dans le même temps, en 27 jours 24 heures 43 minutes 11 $^1/_2$ secondes. La face de la Lune qui est tournée vers nous semble être attachée comme par une tige fixée au centre de la Terre, car nous ne voyons jamais l'autre moitié. Les mappemondes de la Lune ne contiennent jamais qu'un seul et même hémisphère. (Planche VI.)

Lorsque, à l'époque de la pleine Lune, nous apercevons tout entière la face de la Lune qui est tournée vers nous, elle nous présente un disque lumineux d'une teinte jaunâtre pendant la nuit et blanche pendant le jour. La lumière que l'astre des nuits emprunte au Soleil est beaucoup moins intense que celle qu'en reçoit la Terre; elle est toujours inférieure à celle que nous renvoie un nuage blanc durant le jour. La chaleur qu'émettent les rayons lumineux de la Lune est à peine sensible.

Le disque lunaire offre des parties plus vivement éclairées les unes que les autres; les taches sombres remplissent les $^2/_5$ de sa surface. Cette différence d'éclat provient des inégalités que présente la surface de notre satellite. Les parties plus obscures sont aussi les plus basses, des plaines, des bassins, des vallées; les parties éclatantes sont les régions élevées et montagneuses. Autrefois, on désignait ces apparences sous les noms de mers et de continents; mais il est presque certain que la Lune est totalement dépourvue d'eau liquide ou de vapeur d'eau. En employant de grandes lunettes, on est parvenu à tracer une carte de la face lunaire, et nous en connaissons les divers détails topographiques beaucoup mieux que certaines contrées de notre globe, comme par exemple l'intérieur de l'Afrique et de l'Asie. Les

plus détaillée et plus complète que nous ne la possédons pour notre globe. La Terre nous présenterait les mêmes phases terrestres que nous voyons dans la Lune; il y aurait *pleine Terre* au moment où nous avons nouvelle Lune, *second quartier de la Terre* pour premier quartier de la Lune, etc. La lumière réfléchie par la Terre paraîtrait quatre fois plus intense et maintiendrait un jour perpétuel pour la moitié du globe lunaire. Il n'y a pas de crépuscule ni d'aurore; le Soleil paraît et disparaît brusquement; les étoiles et les planètes y brillent en plein Soleil. La Lune ayant moins de consistance que la Terre, l'attraction ou la pesanteur des corps à sa surface est beaucoup moindre. Avec la même force que nous employons sur la Terre pour soulever un poids de 100 kilogrammes, nous pourrions soulever sur la Lune une masse 6 fois plus forte ou un corps qui pèserait 600 kilogrammes.

La Lune exerce sur notre globe une action constante par son attraction, et par sa lumière et sa chaleur. Les effets de son attraction, qu'elle exerce en commun avec le Soleil, produisent le phénomène des marées, qui modifie sans cesse les contours des côtes et le fond que couvre l'Océan. Par sa lumière, quoique 800,000 fois plus faible que celle du Soleil, elle exerce une influence incontestable sur l'état amosphérique et sur la formation des brouillards et la dispersion des nuages. En éclairant nos nuits, la Lune remplace pour nous le Soleil absent. On attribue, en outre, à la Lune, dans ses diverses phases, une foule d'autres influences qui appartiennent plutôt à l'action calorifique du Soleil, ou qui sont simplement chimériques ou superstitieuses.

---

2. — Les marées.

(Planche VIII.)

Sur toutes les côtes de l'Océan, la mer s'élève et s'abaisse au-dessus et au-dessous de son niveau moyen deux fois par jour. Ce phénomène, qui affecte toute la surface liquide du globe, porte le nom de *marée montante* et *marée descendante*, de *flux* et de *reflux*, de flot et de jusant. Le retour des marées de chaque port coïncide avec le passage de l'eau au méridien de ce port; c'est donc à l'attraction que la Lune exerce sur la Terre qu'il faut attribuer ce changement régulier et périodique qui s'opère dans le niveau des mers.

En effet, la Lune, par sa masse, attire plus fortement ou diminue le poids de tous les corps de la surface terrestre qui se trouvent placés perpendiculairement sous elle; elle produit le même effet sur les corps placés aux antipodes des premiers et dont elle diminue la pesanteur vers le centre de la Terre. Cette diminution est si minime, qu'elle ne pourrait être appréciée. Mais supposons que la Terre entière soit enveloppée d'une couche liquide et mobile, celle-ci prendrait la forme d'un ellipsoïde dirigée dans le sens de son grand diamètre vers la Lune et faisant successivement comme la Lune le tour du globe. C'est ainsi que les choses se passent en pleine mer; la Lune, en passant au zénith, soulève la mer de 1 ou 2 mètres, et ce renflement suit la Lune dans sa marche journalière comme une onde peu élevée mais à large base, en se propageant sur la surface des mers sans déplacer les masses d'eau. Mais, comme les mers sont environnées de côtes diversement configurées, la marée précipite sa marche partout où elle peut s'étendre au loin sur des rivages peu inclinés ; elle ralentit, au contraire, sa marche lorsqu'elle s'engage dans des mers resserrées et des canaux étroits et s'élève, par suite de la résistance qu'elle rencontre, au-dessus du niveau qu'elle eût atteint dans une mer libre.

Chaque jour lunaire a une double marée. Il y a marée haute au passage de la Lune au méridien supérieur, et marée basse au coucher de la Lune, puis une nouvelle marée haute au passage de la Lune au méridien inférieur, et marée basse au lever de la Lune. Les marées sont généralement d'autant plus fortes que la Lune passe plus près du zénith; c'est pourquoi, dans les régions polaires, qui ne voient la Lune que près de l'horizon, la marée est insensible. Le phénomène des marées est à peine appréciable dans les mers petites ou fermées comme dans la mer Noire ou la mer Caspienne.

Par suite de la résistance que l'approche des terres oppose à la propagation de l'onde de la marée, de la configuration des côtes, de la profondeur de l'eau, l'heure à laquelle la marée à lieu sous un même méridien ou l'heure de la mer *étale* ne peut donc être la même pour tous les ports. On a déterminé avec le plus grand soin l'heure de la marée pleine pour tous les points importants des côtes; ce temps porte le nom d'établissement du port. Ainsi l'onde de la marée qui pénètre dans la Manche est à 8 heures à Cherbourg, à 11 heures à Dieppe, et ce retard augmente lorsque la marée s'engage dans la partie étroite du canal.

Le Soleil produit sur la surface des mers un effet complétement analogue à celui de la Lune; mais, à cause de la distance 400 fois plus grande de cet astre, la marée solaire est plus faible que la marée lunaire; à peu près dans la proportion de 2 à 5. Le Soleil élève les mers à midi et à minuit et les laisse, au contraire, s'abaisser à 10 heures du matin et du soir. Aux quartiers de la Lune, le Soleil contrarie l'action de cet astre et les marées lunaires sont plus petites; mais deux fois par mois, lorsque les marées solaires et lunaires coïncident, leurs effets s'ajoutent et produisent les hautes marées, aux époques de la nouvelle et de la pleine Lune ou aux syzygies et surtout au moment d'une éclipse.

Au milieu de l'Océan, la marée est peu sensible, la mer s'élève et baisse en quelque sorte sur place; mais, sur les côtes, les marées atteignent quelquefois un niveau très-élevé. En Amérique, dans la Fundy-Bay, les eaux s'élèvent à 21 et 25 mètres. A Brest, le flux monte à 15 mètres; à Saint-Malo, à 15 mètres; à Bristol, dans la mer d'Irlande, à 15 mètres, et en face de Bristol dans la même baie, à 25 mètres. Sur les côtes de Belgique, de Hollande et d'Allemagne, les marées décroissent graduellement; elles sont presque nulles au cap Nord.

Aux embouchures des fleuves, les marées se font souvent sentir à de grandes distances. En Belgique, l'effet de la marée dépasse Anvers et Termonde; dans la Seine, elle se propage au delà de Rouen; dans la Garonne, au delà de Bordeaux. Dans le Saint-Laurent, la marée remonte à 700 kilomètres, et, dans l'Amazone, à plus de 1,000 kilomètres à l'intérieur des terres. En entrant dans les fleuves, la marée montante heurte les eaux qui descendent, s'élève et forme une ou plusieurs murailles parallèles qui s'avancent rapidement en barrant transversalement le lit de la rivière : on les appelle *bore* en Angleterre, *barre* dans la Seine, *mascaret* dans la Gironde, *pororoka* dans l'Amazone. *Les ras de marée* sont des phénomènes analogues mais irréguliers et très-redoutés à cause de leur soudaineté et de leur violence.

3. — Phases de la Lune.

(Planche VII.)

Le phénomène céleste le plus curieux et qui frappe le plus notre attention, c'est celui que présente le changement périodique et régulier de l'aspect de la Lune dans ses diverses phases. Pour bien en comprendre la théorie, très-simple d'ailleurs, qu'on prenne un globe de carton et qu'on l'expose à la lumière d'un flambeau. L'on remarquera qu'il y aura toujours une moitié de ce globe qui reste lumineuse tandis que l'autre moitié est dans l'ombre. La ligne de séparation entre l'ombre et la lumière forme un cercle qu'on appelle *le cercle d'illumination*. Le spectateur, variant sa position par rapport à ce globe et au flambeau, verra plus ou moins de la partie éclairée, et une partie plus ou moins grande restera, pour lui, dans l'ombre; il assistera ainsi à une série de phases pareilles à celles que nous offre la Lune. Si l'on se place d'abord à l'opposite du flambeau, on ne verra que la demi-sphère obscure; si l'on décrit, à partir de cette position, un quart de circonférence autour du globe, on verra la moitié de la partie lumineuse qui prendra, pour l'observateur, l'aspect d'un demi-cercle. En se plaçant entre le globe et le flambeau de manière à ne pas intercepter la lumière de celui-ci, on verra en plein toute la partie éclairée ou le disque entier de la Lune circonscrit par le cercle d'illumination. Un nouveau quart de révolution montrera un autre demi-cercle, en sens inverse du premier; enfin, de retour à la première position, on sera de nouveau en face de la partie obscure. On aura eu ainsi sous les yeux les quatre phases principales de la Lune, ainsi que les aspects intermédiaires.

Si, au lieu de tourner autour du globe, l'observateur

reste immobile et que l'on promène le globe autour de lui, les phénomènes seront tout à fait les mêmes. Ils dépendent donc uniquement de la position des trois corps célestes : le Soleil, représenté par le flambeau; la Lune, que figure le globe, et la Terre, qui est censée être l'observateur pivotant sur lui-même pour avoir toujours le globe sous les yeux. Les phases de la Lune ne sont autre chose que l'angle compris entre le cercle d'illumination et le contour apparent de notre satellite. La position relative de ces deux cercles change à chaque instant, et détermine les phases. Lorsque la Lune est en *conjonction* avec le Soleil, c'est-à-dire lorsque la ligne qui joint le centre du Soleil au centre de la Terre passe par le centre de la Lune, le cercle d'illumination et le contour apparent se confondent. Il en est de même lorsque la ligne qui relie la Lune au Soleil passe par la Terre, ou que la Lune est en *opposition*. Dans ce dernier cas, la Lune est entièrement visible pour nous : c'est la *pleine* Lune. Dans le premier cas, elle est *nouvelle* et invisible. Ces deux positions remarquables sont souvent désignées par le nom de *syzygies*. Dans les positions intermédiaires, le spectateur ne verra qu'un fuseau plus ou moins grand du disque éclairé sous la forme d'un croissant qui, arrivé à la moitié du disque éclairé, porte le nom de *premier* et de *dernier quartier*. Une période complète de ces phases se nomme une *lunaison*; le nombre des jours compris entre la nouvelle Lune et sa phase actuelle est l'*âge* de la Lune.

Maintenant, il suffit de suivre la Lune pendant un mois environ et de comparer les apparences qu'elle nous offre pour se rendre compte de ses phases. A un jour donné, le 19, par exemple, la Lune sera *nouvelle*; elle se lève et se couche avec le Soleil. Le 20 au soir, on verra, à l'ouest, son croissant extrêmement étroit, dont la convexité sera tournée vers le Soleil. Le jour suivant, la Lune, qui marche de l'orient à l'occident comme le Soleil, mais avec une vitesse apparente 12 fois plus grande, se sera écartée notablement du Soleil ; elle se couchera deux heures après lui et son croissant sera moins étroit. Le 26, la Lune se lève vers midi et se couche le jour suivant vers minuit, elle est dans son *premier quartier ;* c'est encore la partie occidentale du disque qui sera éclairée. Le retard sur le Soleil est de 6 heures environ. Le 2 du mois suivant, la Lune sera *pleine;* elle se lève vers l'heure ou le Soleil se couche ; elle passe, à minuit, au méridien supérieur au moment où le Soleil passe au méridien inférieur. La Lune est alors opposée au Soleil. A partir de ce jour, la Lune s'échancre de plus en plus dans la partie de son disque qui est tournée vers l'occident et les cornes du croissant sont dirigées vers le Soleil. Le 9, elle est dans son *dernier quartier;* elle se lève à minuit, passe au méridien à 6 heures du matin et se couche à midi. Enfin elle se rapproche de plus en plus du Soleil, et, après avoir fait le tour entier du ciel, elle le regagne un mois après la nouvelle Lune.

Les phases de la Lune sont de véritables signaux visibles sur le globe entier ; elles offrent une division simple et commode du temps qui, dans l'origine de la société humaine, dut être exclusivement employée. Elles forment donc un calendrier naturel en composant les mois et les semaines. Quant aux différences que le calendrier lunaire présente avec le calendrier romain ou grégorien, basé exclusivement sur les mouvements du Soleil, il n'entre pas dans le cadre étroit de cette esquisse de donner ici plus de détails sur ce sujet.

1. — Les Éclipses.

(Planche VIII.)

A toutes les époques, les Éclipses ont eu le privilége de frapper l'attention générale. Rien de plus frappant que de voir le Soleil, source unique de lumière pour ce monde, s'éteindre peu à peu sans cause apparente, disparaître en plein ciel et laisser succéder à l'éclat du jour les ténèbres livides. Aujourd'hui que nous connaissons la cause de ce phénomène et que nous en pouvons calculer le retour à une seconde près, les Éclipses produisent encore une impression profonde ; autrefois elles excitaient une terreur superstitieuse et passaient pour présager au monde d'effroyables catastrophes. Rien de plus simple cependant que d'expliquer les Éclipses. Supposons que la Lune en tournant autour de la Terre vienne se placer entre notre globe et le Soleil. Elle en intercepte naturellement la lumière, et l'ombre qu'elle projette sur la Terre, cache le Soleil pour toutes les régions que cette ombre atteint. Le cône d'ombre pure est enveloppé d'une seconde pénombre, qui passe également sur notre globe; c'est la pénombre qui détermine les Éclipses *partielles*. Pour les points situés dans cette pénombre, le Soleil paraît échancré par le disque lunaire. Pour les points situés dans l'ombre pure, l'Éclipse est *totale*. Si la distance de la Lune à la surface de la Terre, distance qui varie de 62,6 à 56,0, est la plus grande, le cône d'ombre lunaire n'atteint pas la Terre, et le spectateur voit le Soleil déborder le disque noir de la Lune et paraître quelques moments sous la forme d'un anneau extrêmement étroit ; il a, dans ce cas, le spectacle d'une Éclipse *annulaire*. On comprend que, lorsque le disque lunaire atteint le disque du Soleil, il s'y immerge peu à peu avant de le cacher en entier, puis il en sort de même ; de sorte que le Soleil présente dans une Éclipse une série de figures semblables à celles que prend la Lune dans le cours d'une lunaison et reproduit des phases successives. En conséquence, toutes les Éclipses totales ou annulaires du Soleil commencent et finissent toujours, en chaque lieu, par être partielles. On s'explique de même facilement qu'une Éclipse n'est visible que pour les points de la surface terrestre que parcourt l'ombre de la Lune et qu'elle peut n'être que partielle pour un point, tandis qu'elle est totale pour un autre.

Ces observations s'appliquent également aux *Éclipses de la Lune*. Lorsque, dans sa révolution autour de la Terre, celle-ci vient se placer entre le Soleil et la Lune, le disque lunaire pénétrera d'abord dans la pénombre de la Terre, traversera le cône d'ombre pure et sortira enfin après avoir parcouru la pénombre opposée. La Lune aura ainsi reproduit, pendant l'Éclipse, toutes les phases qu'elle nous montre dans l'espace d'un mois. Tandis que les Éclipses de Soleil se produisent successivement pour les diverses régions de la Terre que l'ombre de la Lune parcourt, l'instant où se produit une Éclipse de Lune est le même non-seulement pour la Terre, mais encore pour un point quelconque de l'espace.

Le retour périodique des Éclipses dépend de la position relative des trois corps, le Soleil, la Terre et la Lune, et de l'intersection des orbites de ces dernières ou des nœuds. Ce serait dépasser les bornes de cet opuscule que de démontrer par quels calculs les astronomes sont parvenus à déterminer de la manière la plus précise le retour de ces phénomènes; qu'il nous suffise de dire que, si l'on a noté toutes les Éclipses d'une période de 18 ans 11 jours, on sera en état de prédire les Éclipses pour les périodes suivantes. Cette période de 18 ans 11 jours contient environ 70 Éclipses, savoir : 41 Éclipses de Soleil et 29 Éclipses de Lune. Ainsi les premières sont beaucoup plus fréquentes que les secondes. Cependant, en comptant celles qui sont visibles, non pas sur toute la Terre, mais en un lieu donné, à Bruxelles, par exemple, on trouve trois fois plus d'Éclipses de Lune que d'Éclipses de Soleil. Cela tient évidemment à ce que les premières sont visibles de tous les points de l'hémisphère terrestre qui font face à la Lune, tandis que les secondes, en général, ne sont visibles que pour une partie de l'hémisphère tournée vers le Soleil. La pénombre de la Lune est assez large, il est vrai, pour envelopper la Terre entière; mais elle ne passe ordinairement que sur une partie plus ou moins restreinte de sa surface. Dans une même année, il peut arriver, pour toute la Terre, jusqu'à 7 Éclipses; il n'y en a jamais moins de 2; en moyenne, il y en a 4. S'il s'agit d'Éclipses visibles en un lieu déterminé, en Belgique, par exemple, on ne trouve guère en moyenne qu'une Éclipse de Soleil pour 2 ans et seulement une éclipse totale en 2 siècles, bien qu'il se présente, pour toute la Terre, 12 Éclipses totales de Soleil dans le cours de ce siècle, visibles pour ceux qui voudraient aller les observer aux lieux qu'atteint l'ombre de la Lune.

Les phénomènes physiques que produit une Éclipse totale du Soleil sont excessivement curieux. Quand l'Éclipse commence, le disque de la Lune entame progressivement le Soleil d'une échancrure noire; la clarté du jour fait place à une lumière blafarde qui donne à tous les objets une teinte étrange. Enfin, le Soleil disparaît et aussitôt les ténèbres succèdent au jour. Les étoiles deviennent visibles sur le ciel noir, la température baisse subitement, les plantes se replient, les animaux semblent frappés de terreur. Toutefois, la nuit n'est pas complète; une espèce de cercle lumineux, *une couronne* entoure le disque noir de la Lune et répand une faible clarté. Mais au bout de peu d'instants, un jet de lumière jaillit à l'orient du disque de la Lune et ramène subitement la clarté. C'est le Soleil qui reparaît et ne tarde pas à reprendre sa forme première et son éclat.

FIN.

TABLE DES PLANCHES.

TABLE DES MATIÈRES

DE

L'ESQUISSE GÉNÉRALE.

Pages.

FIN DE LA TABLE.

EN VENTE CHEZ LES MÊMES LIBRAIRES :

OUVRAGES, LIVRES ILLUSTRÉS ET ATLAS
POUR SERVIR A L'ÉTUDE DES SCIENCES GÉOGRAPHIQUES,
PHYSIQUES ET NATURELLES.

Ganot (A.). Traité élémentaire de physique expérimentale et appliquée et de météorologie, avec un recueil nombreux de problèmes, illustré de 558 belles gravures sur bois intercalées dans le texte. 7e édition. 1 vol. in-12.

Richard (A.). Nouveaux éléments de Botanique et de physiologie végétale, contenant l'organographie, l'anatomie et la physiologie végétale, les caractères de toutes les familles du règne végétal. Ouvrage orné d'un grand nombre de vignettes intercalées dans le texte. 1 vol. in-12.

Regnault (V.). Premiers éléments de Chimie à l'usage des facultés, des établissements d'enseignement secondaire, des écoles normales et des écoles industrielles. 1 vol. in-12.

Humboldt (A. de). Cosmos. Essai d'une description physique du monde. 4 vol. in-12.

Huard (A.). Traité de Cristallographie, avec 116 figures intercalées dans le texte. 1 vol. in-12.

Brewer (le Dr E.-C.). La Clef de la science ou les phénomènes de tous les jours expliqués. 2e édition, revue et corrigée. 1 vol. in-12.

Maury (L.-F.-A.). La Terre et l'Homme, ou aperçu historique de Géologie, de Géographie et d'Ethnologie générale. 1 vol. in-12.

COURS ÉLÉMENTAIRE D'HISTOIRE NATURELLE.

Milne-Edwards (M.). La Zoologie. 1 vol. in-12 avec figures.

Beudant (F. S.). La Minéralogie et la Géologie. 1 vol. in-12 avec figures.

De Jussieu. La Botanique. 1 vol. in-12 avec figures.

Delaunay (Th.). Cours élémentaires de mécanique théorique et appliquée. 4e édition. 1 vol in-12.

Figuier (Louis). Exposition et histoire des principales découvertes scientifiques modernes. 4 vol.

Tome I. Machine à vapeur. — Bateaux à vapeur. — Chemins de fer. 1 vol. in-12.

Tome II. Photographie. — Télégraphie aérienne et électrique. — Galvanoplastie et dorure chimique. — Planète Le Verrier. 1 vol. in-12.

Tome III. Aérostats. — Éclairage au gaz. — Éthérisation. — Poudre de guerre et poudre coton. 1 vol. in-12.

Tome IV. La Machine électrique. — La Bouteille de Leyde. — Le Paratonnerre. — La Pile de Volta. 1 vol. in-12.

Zimmermann (le Dr W.-F.-A.). Le monde avant la création de l'homme ou le berceau de l'Univers. Traduit de l'allemand. 1 vol. in-8°, illustré de 250 gravures sur bois.

Valérius (le Dr H.). Les Phénomènes de la Nature, leurs lois et leurs applications aux arts et à l'industrie, d'après le Dr W. F.-A. Zimmermann. 2 vol. grand in-8°, illustrés d'un grand nombre de gravures sur bois, et de plusieurs planches coloriées.

Hochstetter. Naturgeschichte des Pflanzenreichs in Bildern. Nach der Anordnung des allgemein bekannten und beliebten Lehrbuchs der Naturgeschichte von Dr G.-H. v. Schubert. 1 vol. in-folio, de 52 grandes planches doubles et coloriées, avec texte en allemand et en français.

Bromme. Traugott. Atlas zu A. v. Humboldt's Kosmos in 42 Tafeln mit erlauterndem Texte.

Dr Heinrich Berghaus' Physikalischer Atlas en 8 parties, savoir :

1. Meteorologie und Klimatographie.
2. Hydrologie und Hydrographie.
3. Géologie.
4. Tellurischer Magnetismus.
5. Pflanzengeographie.
6. Zoologische Geographie.
7. Anthropologie.
8. Ethnographie.

100

www.ingramcontent.com/pod-product-compliance
Ingram Content Group UK Ltd.
Pitfield, Milton Keynes, MK11 3LW, UK
UKHW022133190726
13855UKWH00003B/1117

9 782013 060387